建筑施工高处作业安全带系挂点推荐做法图册

主　　编　刘其贤　于　飞　周树凯

主编单位　济南市工程质量与安全中心
　　　　　中建八局第二建设有限公司

中国建材工业出版社

图书在版编目（CIP）数据

建筑施工高处作业安全带系挂点推荐做法图册 / 刘其贤，于飞，周树凯主编．-- 北京：中国建材工业出版社，2023.4
ISBN 978-7-5160-3729-4

I．①建… II．①刘… ②于… ③周… III．①建筑施工－高空作业－安全技术－图集 IV．①TU744-64

中国国家版本馆CIP数据核字（2023）第037808号

建筑施工高处作业安全带系挂点推荐做法图册
Jianzhu Shigong Gaochu Zuoye Anquandai Xiguadian Tuijian Zuofa Tuce

主　　编　刘其贤　于　飞　周树凯
主编单位　济南市工程质量与安全中心
　　　　　中建八局第二建设有限公司

出版发行：中国建材工业出版社
地　　址：北京市海淀区三里河路11号
邮　　编：100831
经　　销：全国各地新华书店
印　　刷：北京印刷集团有限责任公司
开　　本：850mm×1168mm　1/32
印　　张：2.75
字　　数：70千字
版　　次：2023年4月第1版
印　　次：2023年4月第1次
定　　价：58.00元

本社网址：www.jccbs.com，微信公众号：zgjcgycbs

前　言

根据近年来建筑行业施工领域事故统计，高处坠落事故发生的概率较高且危险性较大，减少和避免高处坠落事故的发生是防范建筑行业伤亡事故的关键。《建筑施工高处作业安全带系挂点推荐做法图册》致力于解决建筑工程项目高处作业无可靠安全带系挂点的问题，在现行相关标准、规范的基础上进行改进、汇总，内容包括建筑工程基础施工阶段、主体施工阶段、装饰装修阶段及起重机械设备四个部分，共提出 30 项、40 种的高处作业安全带系挂点 / 生命线推荐做法。

本书图文并茂，其中文字部分包括做法说明、材料规格、控制要点、注意事项和适用施工工序五个部分，图片部分由整体效果图、细部构造示意图和构造图组成。本书言简意赅、通俗易懂，工程项目案例可结合现场实际应用。

热切希望读者在使用过程中提出宝贵意见和建议，以完善本书内容。

编　者

2023 年 2 月

编 委 会

主编单位

济南市工程质量与安全中心

中建八局第二建设有限公司

主　　编

刘其贤　于　飞　周树凯

副 主 编

张　磊　郑怀刚　唐春凯　王茂辉　刘　雷

编写人员

冷　涛　王　涛　尹承权　寻广安　焦滕滕　王恩涛

孟庆增　刘　特　熊　涛　邱　慧　刘铭金　滕一霖

安朝龙　贺庆涛　张厚军　张　伟　逄　伟　孙天坤

王　浩　彭　博　李韵桐　张智勇　周　杰

目 录

1 基础施工阶段

2 主体施工阶段

3 装饰装修阶段

4 起重机械设备

特别提示

本图册所有高处作业安全带系挂点使用的材料材质、性能、规格应满足现行国家或行业标准的要求，系挂点（生命线）投入使用前应进行坠落试验。

1

基础施工阶段

- 基坑工程
- 路基工程
- 桩基工程

1.1 内支撑梁水平生命线

1.1.1 预埋件焊接钢立柱拉设水平生命线

1. 做法说明：在内支撑梁混凝土浇筑前设置钢筋预埋件，浇筑完成后焊接槽钢立柱，立柱上设置圆钢拉结件，依次连接花篮螺栓、钢丝绳，形成水平生命线。

2. 材料规格：

①钢丝绳：$\phi \geqslant$ 8mm；

②花篮螺栓：KOOD 型 M ≥ 12；

③绳夹：TR-M ≥ 8；

④槽钢立柱：10 号槽钢，ϕ 6mm 圆钢拉结件；

⑤预埋件：ϕ 12HPB300 级钢筋，200mm × 200mm × 12mm 钢板。

3. 控制要点：

①相邻两根立柱间距 ≤ 8m，钢丝绳距离梁面 ≥ 1.4m，端部使用绳夹固定，数量不少于 3 个、间距 6 ～ 7 倍钢丝绳直径；

②使用花篮螺栓调节钢丝绳的松紧度，钢丝绳的自然下垂度不大于绳长的 1/20，并不应大于 100mm。

4. 注意事项：

①钢筋预埋件与钢板，钢板与立柱应采取满焊的方式进行焊接；

②使用前应进行验收，每道生命线不得超过 2 人共同使用。

5. 适用施工工序：未搭设防护通道的内支撑梁上行走和作业。

内支撑梁水平生命线效果图

安全带系挂示意图

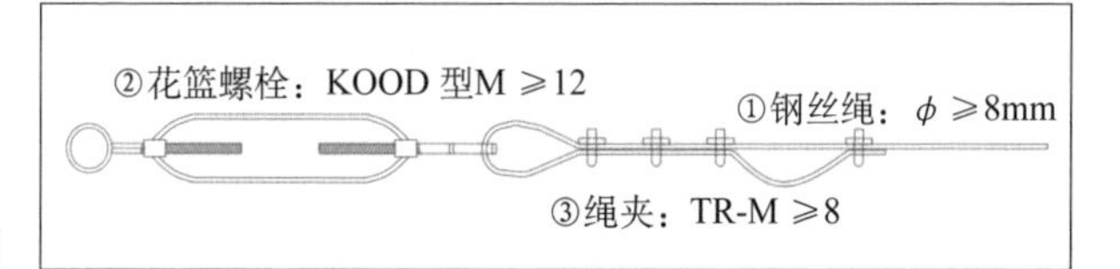

构造简图

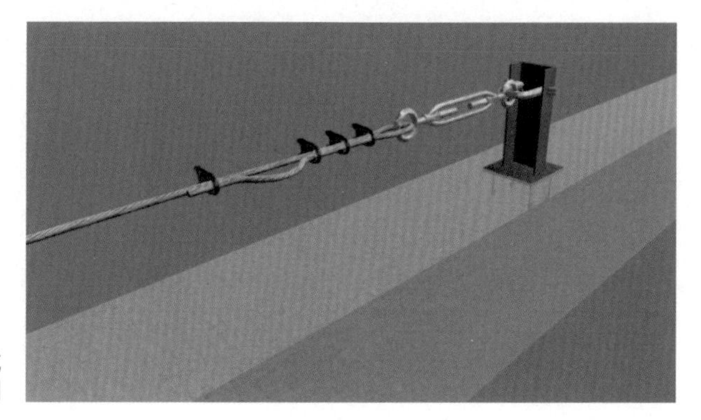

端部连接方式示意图

1.1.2 利用吊筋拉设水平生命线

1. 做法说明：在内支撑吊筋处依次连接花篮螺栓、钢丝绳，形成水平生命线。

2. 材料规格：

①钢丝绳：$\phi \geqslant$ 8mm；

②花篮螺栓：KOOD 型 M ≥ 12；

③绳夹：TR-M ≥ 8。

3. 控制要点：

①钢丝绳距离梁面≥ 1.4m，端部使用绳夹固定，数量不少于 3 个、间距 6 ～ 7 倍钢丝绳直径；

②使用花篮螺栓调节钢丝绳的松紧度，钢丝绳的自然下垂度不大于绳长的 1/20，并不应大于 100mm。

4. 注意事项：使用前应进行验收，每道生命线不得超过 2 人共同使用。

5. 适用施工工序：未搭设防护通道的内支撑梁上行走和作业。

内支撑梁水平生命线效果图

安全带系挂示意图

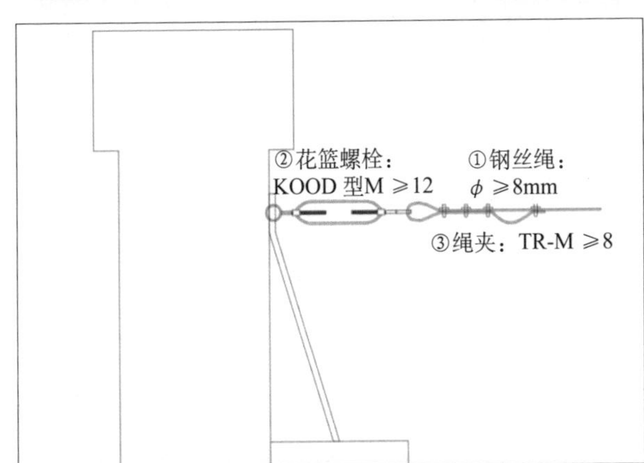

构造简图

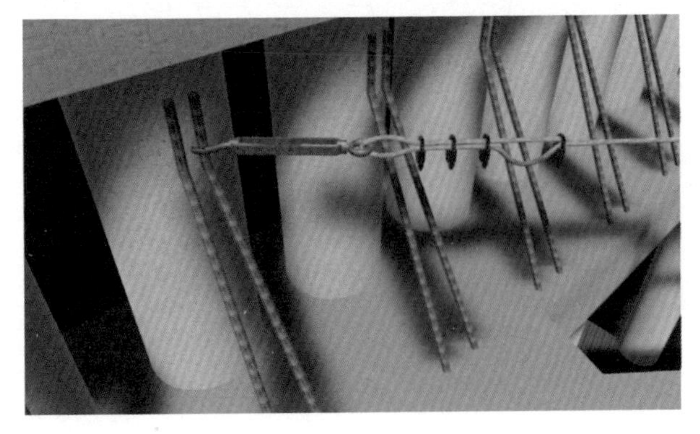

端部连接方式示意图

1.2 冠梁竖向生命线

1. 做法说明：在冠梁混凝土浇筑之前预埋U形钢筋拉环，在U形钢筋拉环上设置安全绳，通过自锁器系挂安全带，形成竖向生命线。

2. 材料规格：

①U形环：$\phi \geqslant$ 16mm圆钢；

②安全绳：钢丝绳 $\phi \geqslant$ 8mm，宜锦纶安全绳 $\phi \geqslant$ 16mm；

③绳夹：TR-M $\geqslant$ 8；

④自锁器：与安全绳直径相匹配。

3. 控制要点：

①钢丝绳端部使用绳夹固定，数量不少于3个、间距6～7倍钢丝绳直径；

②预埋U形钢筋拉环在使用前应经验收合格。

4. 注意事项：

①每根垂直生命线仅供单人使用；

②使用前应检查安全锁扣的部件，完好、齐全方可作业。

5. 适用施工工序：翻越冠梁临边防护到基坑内作业。

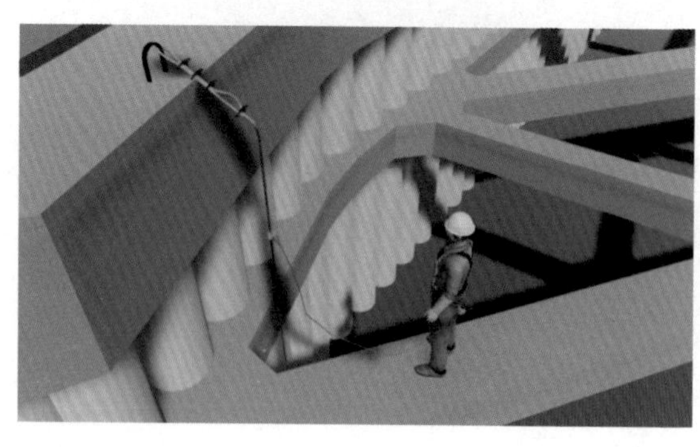

冠梁垂直生命线效果图

安全带系挂示意图

U 形环连接方式示意图

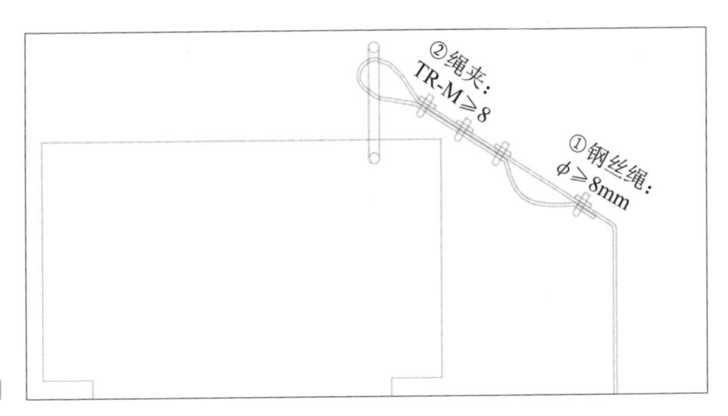

构造简图

1.3 基坑临边水平生命线

1. 做法说明：在基坑周边设置钢制立柱，采用膨胀螺栓固定钢制立柱，立柱间连接钢丝绳，形成水平生命线。

2. 材料规格：

①钢丝绳：$\phi \geqslant 8$mm；

②底部支座：长度 × 宽度 × 厚度 =120mm × 120mm × 5mm；

③绳夹：TR-M ⩾ 8；

④立杆：ϕ48.3 × 3.6mm 钢管；

⑤圆钢拉结件：$\phi \geqslant 6$mm；

⑥膨胀螺栓：M ⩾ 10。

3. 控制要点：

①相邻两根立柱间距⩽ 8m，钢丝绳距离地面⩾ 1.4m，端部使用绳夹固定，数量不少于 3 个、间距 6 ～ 7 倍钢丝绳直径；

②钢丝绳的自然下垂度不大于绳长的 1/20，并不应大于 100mm；

③每根立柱使用四个膨胀螺栓固定。

4. 注意事项：使用前应进行验收，保证安全可靠。

5. 适用施工工序：临边防护设施搭设作业。

基坑临边水平生命线效果图

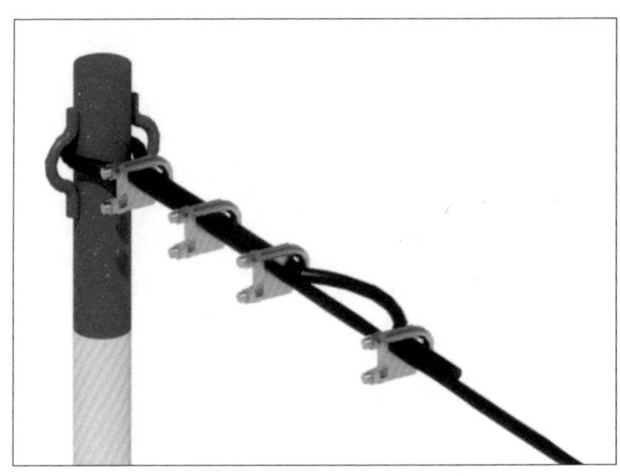
立柱安装示意图

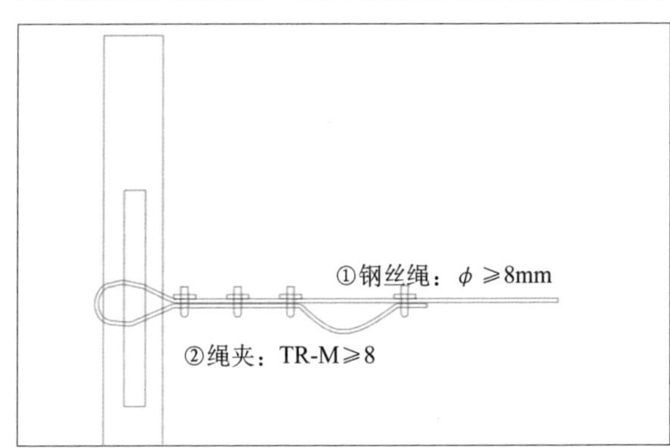

构造简图

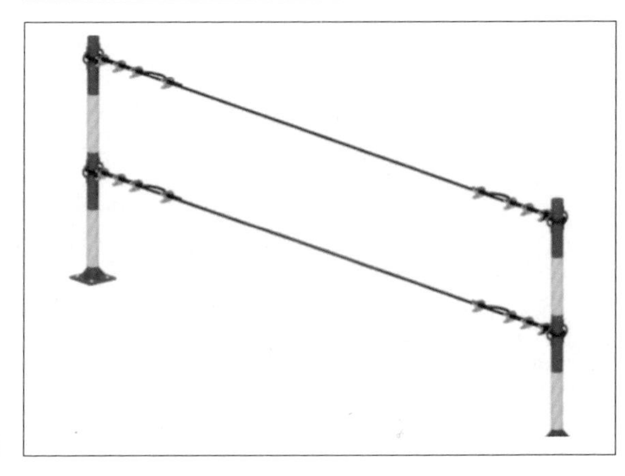
钢丝绳连接示意图

1.4　路基高边坡竖向生命线

1. 做法说明：在边坡顶部使用“锥形头圆钢”等材料插入土体作为可靠栓点，深度不小于70cm，拉设安全绳形成竖向生命线。

2. 材料规格：

①安全绳：宜锦纶安全绳 $\phi \geqslant$ 16mm；

②自锁器：与安全绳匹配。

3. 注意事项：每根竖向生命线应独立设置且系挂不超过1人。

4. 适用施工工序：边坡钻孔、浆砌片石、喷锚、草种喷播等。

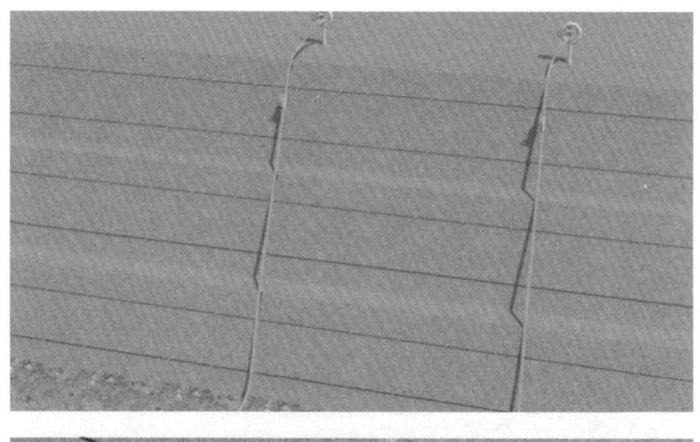

路基高边坡水平生命线效果图

自锁器示意图

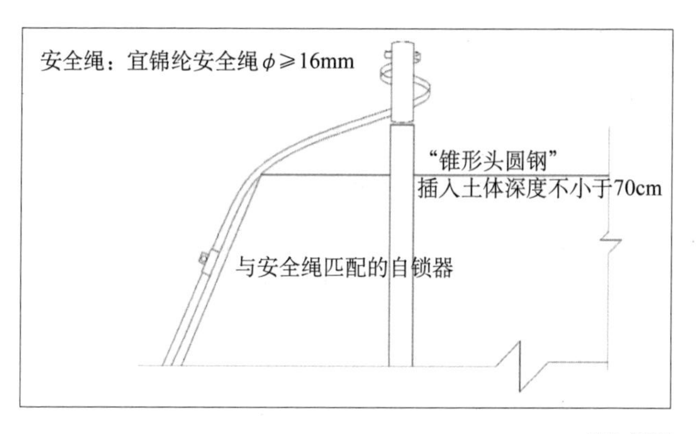
安全绳：宜锦纶安全绳 $\phi \geqslant 16mm$
“锥形头圆钢”
插入土体深度不小于70cm
与安全绳匹配的自锁器

结构简图

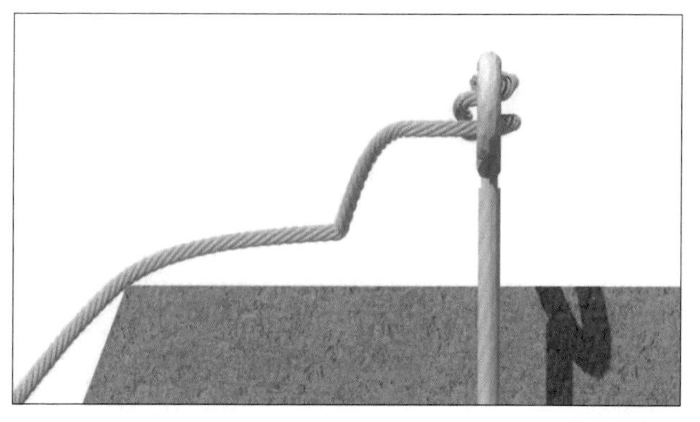

栓点示意图

1.5 人工挖孔桩垂直生命线

1. 做法说明：在护圈混凝土施工时，提前预埋圆钢作为防坠器的悬挂点，利用防坠器吊绳作为垂直生命线。

2. 材料规格：

①速差式防坠器：50m/150kg；

②圆钢：$\phi \geqslant$ 12mm。

3. 注意事项：

①预埋悬挂点和护圈钢筋应焊接牢靠，投入使用前应确保混凝土强度满足要求，并检查防坠器的有效性、吊绳磨损程度等，使用前进行验收；

②单个防坠器使用不得超过 1 人；

③应设置牵引绳，避免防坠器长时间处于工作状态。

4. 适用施工工序：作业人员上下桩孔。

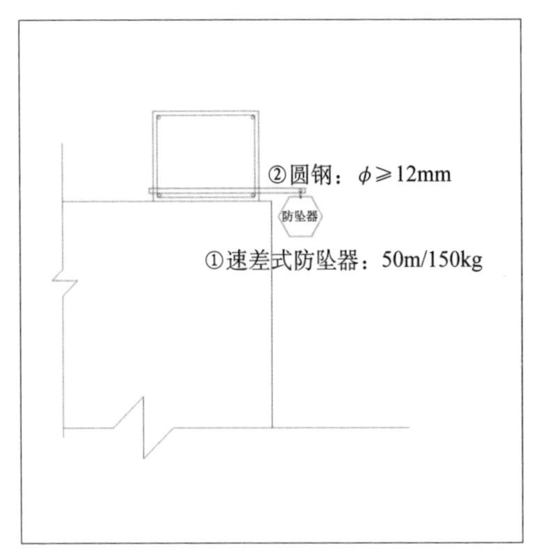

构造简图

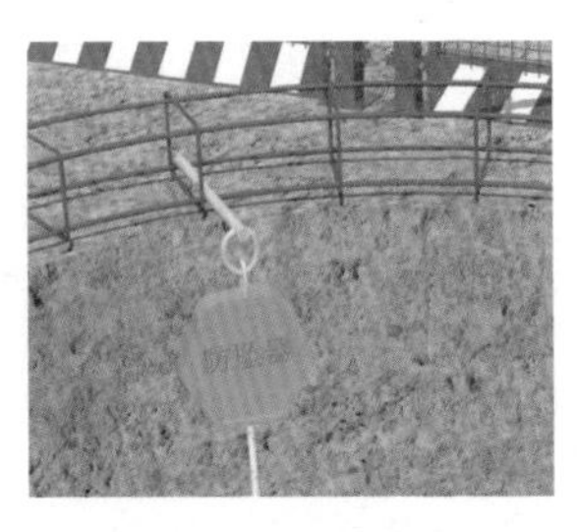

系挂点与护圈钢筋连接示意图

人工挖孔桩竖向生命线效果图

2 主体施工阶段

- 主体结构
- 二次结构
- 钢结构
- 桥梁工程
- 隧道工程
- 其　他

2.1 脚手架搭设与拆除生命线

2.1.1 利用脚手架立杆拉设水平生命线

1. 做法说明：在脚手架外立杆上设置直角扣件作为末端挂点连接件，在末端挂点连接件之间设置钢丝绳形成水平生命线。

2. 材料规格：

①钢丝绳：$\phi \geqslant$ 8mm；

②绳夹：TR-M ≥ 8。

3. 控制要点：

①钢丝绳距离作业面高度≥ 1.4m，端部使用绳夹固定，数量不少于 3 个、间距 6 ~ 7 倍钢丝绳直径；

②钢丝绳的自然下垂度不大于绳长的 1/20，并不应大于 100mm；

③生命线长度不大于 10m，超过需增加中部挂点连接件。

4. 注意事项：

①使用前应进行验收，保证安全可靠；

②脚手架立杆设置纵、横向水平杆之后，方可作为安全带系挂点。

5. 适用施工工序：落地式脚手架、悬挑脚手架搭设与拆除作业。

脚手架搭设与拆除水平生命线

末端挂点连接件示意图

中部挂点连接件示意图

2.1.2 使用对拉螺栓设置水平生命线

1. 做法说明：在对拉螺栓端部设置圆环，通过预留螺栓孔穿进墙内，在两个圆环之间设置钢丝绳形成水平生命线。

2. 材料规格：

①钢丝绳：$\phi \geqslant 8$mm；

②对拉螺栓：M ≥ 12；

③绳夹：TR-M ≥ 8。

3. 控制要点：

①钢丝绳端部使用绳夹固定，数量不少于 3 个、间距 6 ～ 7 倍钢丝绳直径；

②钢丝绳的自然下垂度不大于绳长的 1/20，并不应大于 100mm；

③螺栓采用 10mm 厚螺母，2mm 厚垫圈，或使用双螺母。

4. 注意事项：

①使用前应进行验收，保证安全可靠；

②主体结构施工前应做好策划。

5. 适用施工工序：落地式脚手架、悬挑脚手架、附着式升降脚手架搭设与拆除作业。

脚手架拆除水平生命线

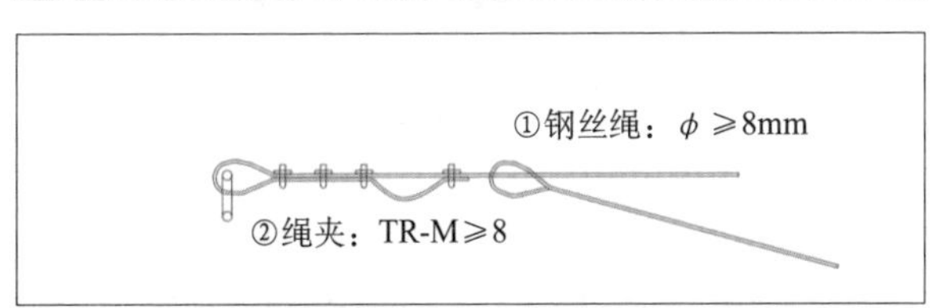
对拉螺栓环形杆示意图

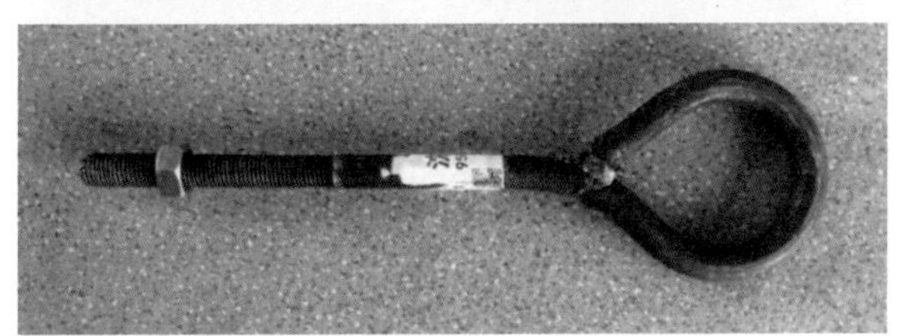

构造简图

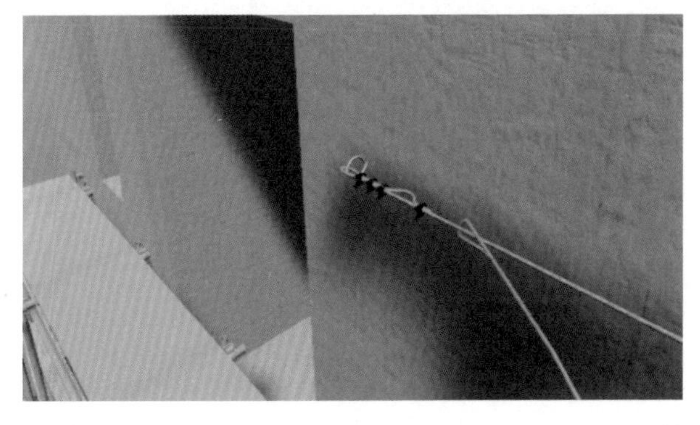
钢丝绳使用示意图

2.2 模板工程施工安全带系挂点

1. 做法说明：使用钢管焊接金属圆环的方式制作安全带系挂装置，作业时将装置下部杆件插入脚手架立杆钢管内，圆环部分作为安全带系挂点，并能保证360°旋转。

2. 材料规格：

①环形杆：L=600mm，ϕ30mm；

②环形杆圆环：ϕ100mm。

3. 控制要点：

①环形杆应使用钢管，插入钢管部分应不小于500mm；

②环形杆应有防位移措施。

4. 注意事项：

①使用前应进行验收，保证安全可靠；

②环形杆与环形杆圆环应双面焊接，焊缝平滑，不得有气孔、夹渣等焊接缺陷。

5. 适用施工工序：模板支撑体系搭设。

模板支撑体系
安全带系挂点

防位移措施示意图

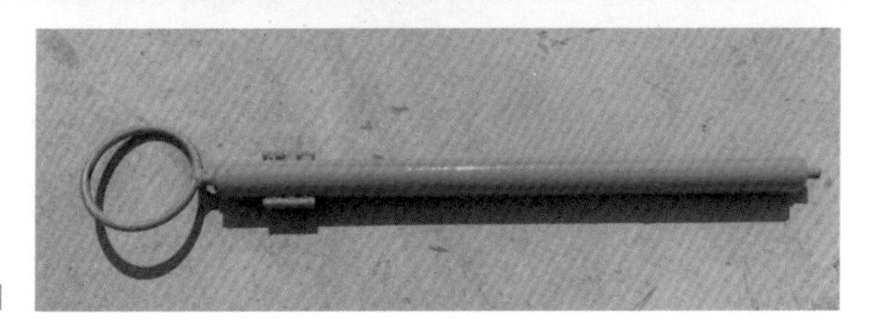

环形杆示意图

2.3 模板工程施工水平生命线

1. 做法说明：在作业面上方通过脚手架立杆设置钢丝绳，形成水平生命线，长度应与模板支撑架体跨度相适应。

2. 材料规格：

①钢丝绳：$\phi \geqslant 8\text{mm}$；

②绳夹：TR-M ≥ 8。

3. 控制要点：

①立杆间距不应大于 10m，水平生命线宜横向设置，水平生命线横向间距不宜大于 5m；

②钢丝绳距离作业面 ≥ 1.4m，端部使用绳夹固定，数量不少于 3 个、间距 6 ~ 7 倍钢丝绳直径；

③钢丝绳的自然下垂度不大于绳长的 1/20，并不应大于 100mm。

4. 注意事项：使用前应进行验收，保证安全可靠。

5. 适用施工工序：模板支撑体系搭设。

模板支撑体系
安全带系挂点

安全带系挂示意图

端部连接方式示意图

2.4　钢筋绑扎作业安全带系挂点

1. 做法说明：搭设操作平台，安全带系挂于操作平台防护栏杆上。

2. 材料规格：宜选用扣件式或承插盘扣式钢管架体。

3. 控制要点：

①扫地杆应采用直角扣件固定在距钢管底端不大于200mm处的立杆上；

②架顶最高一步外侧设置两道防护栏杆，分别距该步底面0.6m和1.2m。

4. 注意事项：

①使用前对操作平台进行验收；

②脚手板应铺满、铺稳；

③操作平台基础应坚实平整。

5. 适用施工工序：墙柱等竖向钢筋绑扎作业。

扣件式钢管架体安全带系挂点

承插盘扣式钢管架体安全带系挂示意图

2.5 二次结构施工生命线

2.5.1 使用膨胀螺栓拉设水平生命线

1. 做法说明：将闭圈式吊环膨胀螺栓锚固于墙柱上，在两个吊环之间设置安全绳形成水平生命线。

2. 材料规格：

①钢丝绳：$\phi \geqslant$ 8mm；

②绳夹：TR-M ≥ 8；

③膨胀螺栓：M ≥ 10。

3. 控制要点：

①水平生命线的自然下垂度不应大于绳长的1/20，并不应大于100mm；

②水平生命线设置高度应能满足作业人员安全带高挂低用的要求，端部使用绳夹固定，数量不少于3个、间距6～7倍钢丝绳直径。

4. 注意事项：

①应在有安全防护措施的情况下设置水平生命线系统，使用前应进行验收，每道生命线不得超过2人共同使用；

②水平生命线应固定牢靠。

5. 适用施工工序：作业面临边、预留洞口周边的二次结构作业。

膨胀螺栓锚固方式设置生命线效果图

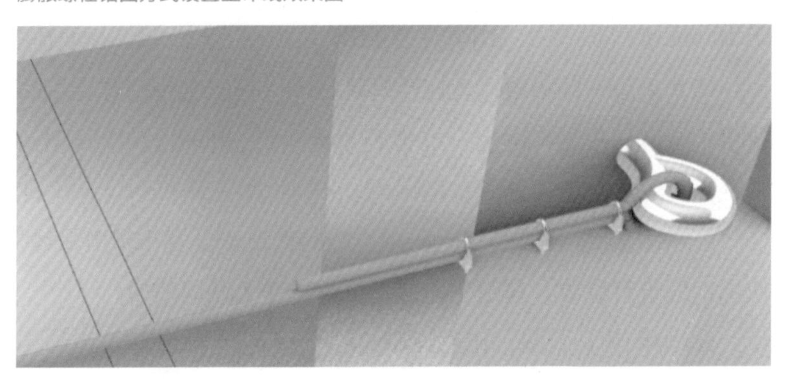

端部连接方式示意图

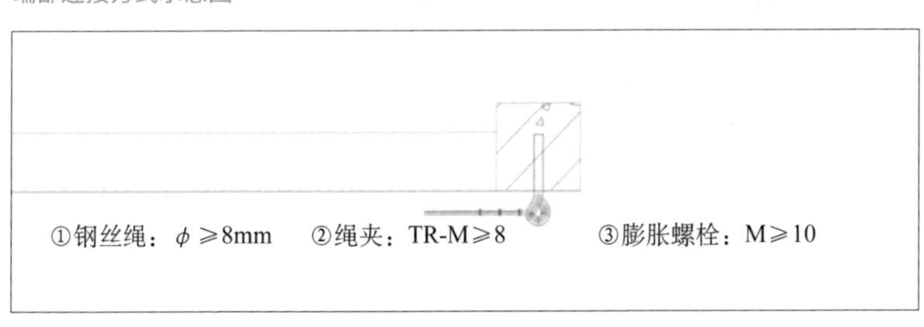

构造简图

2.5.2 使用扁平吊装带拉设水平生命线

1. 做法说明：将扁平吊装带牢固捆绑于框架柱，通过扁平吊带末端环眼拉设钢丝绳形成水平生命线。

2. 材料规格：

①钢丝绳：$\phi \geqslant 8$mm；

②绳夹：TR-M ≥ 8；

③卸扣：T-DW2；

④扁平吊装带：载重量≥ 1t。

3. 控制要点：

①水平生命线的自然下垂度不应大于绳长的 1/20，并不应大于 100mm；

②水平生命线设置高度应能满足作业人员安全带高挂低用的要求，端部使用绳夹固定，数量不少于 3 个、间距 6 ~ 7 倍钢丝绳直径。

4. 注意事项: 应在有安全防护措施的情况下设置水平生命线，使用前应进行验收，每道生命线不得超过 2 人共同使用。

5. 适用施工工序：作业面临边、预留洞口周边的二次结构作业。

使用扁平吊装带设置生命线效果图

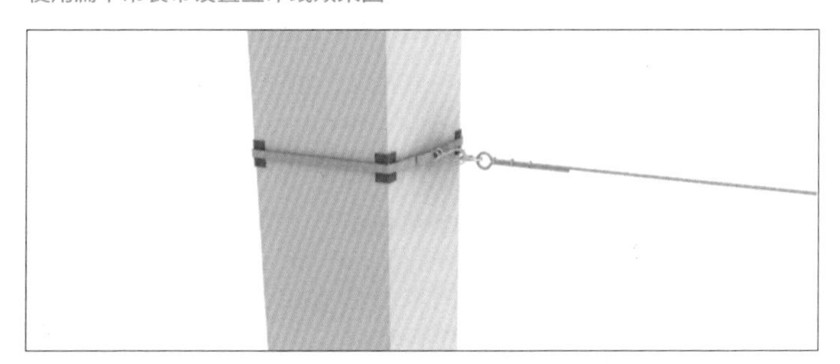

扁平吊装带捆绑示意图

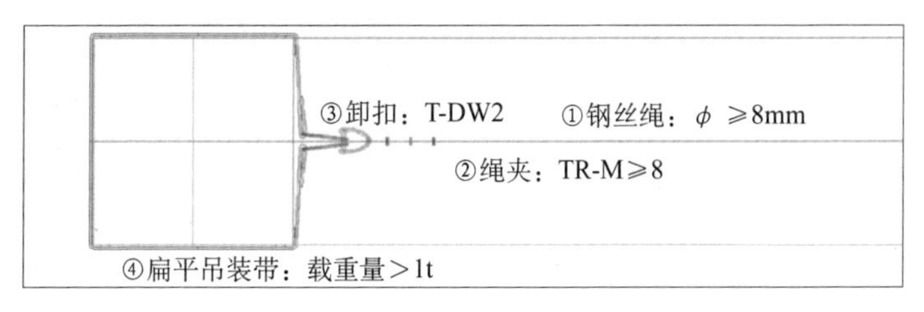

构造简图

2.6 二次结构施工安全带系挂点

1. 做法说明：将 G 型夹具固定在墙体上，以 G 字骨架作为安全带系挂点。

2. 材料规格：G 型夹具的材质为球墨铸铁，尺寸视现场情况确定。

3. 控制要点：G 型夹具的设置高度不应低于 1.4m，受力方向应与 T 型螺杆一致。

4. 注意事项：

①安全卡扣必须扣在牢靠的墙体上；

②每副 G 型夹具仅供单人使用；

③使用前应将螺纹杆拧固到位，并进行验收。

5. 适用施工工序：作业面临边、预留洞口周边的砌筑、抹灰作业，护栏安装。

G 型夹具示意图

G 型夹具系挂点

2.7 钢结构施工竖向生命线

1. 做法说明：在钢结构立柱上部焊接钢筋拉环或利用钢结构立柱吊点作为防坠器悬挂点，利用防坠器吊绳组成竖向生命线。

2. 材料规格：

①速差式防坠器：20m/150kg；

②防脱扣：M10×100mm；

③钢筋拉环：ϕ 12HPB300；

④卸扣：T-DW2。

3. 控制要点：钢筋拉环与钢结构采用双面焊接，两端焊缝长度 80mm，焊缝高度 8mm。

4. 注意事项：

①每个防坠器仅供单人使用；

②钢筋拉环应在立柱安装前设置，使用前应检查防坠器的有效性、吊绳磨损程度，并进行验收。

5. 适用施工工序：人员上下攀爬、钢结构立柱焊接、上部钢立柱临时连接、横梁安装、操作平台作业。

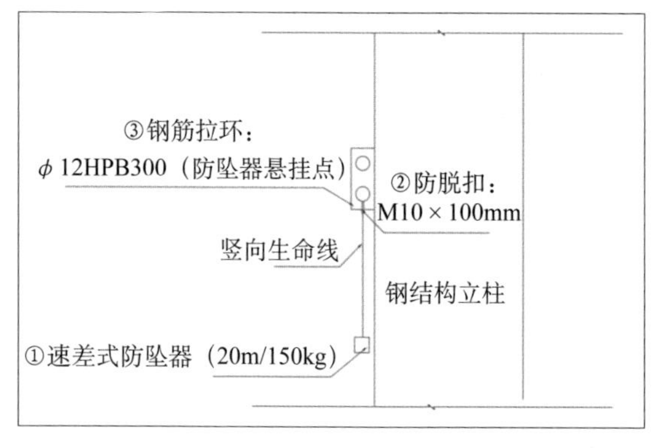

构造简图

防坠器悬挂点示意图

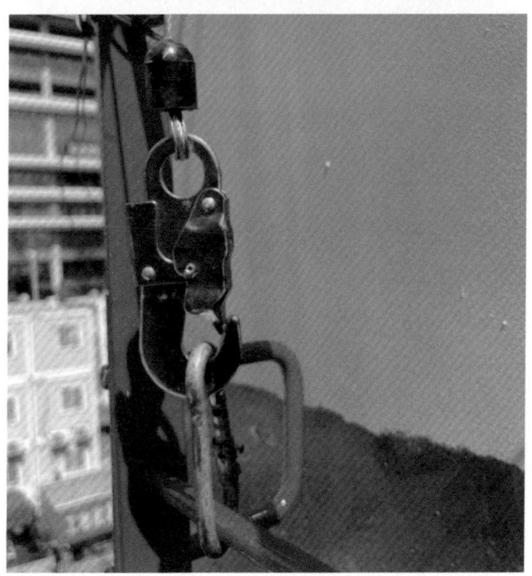
防脱扣示意图

2.8 钢结构施工水平生命线

2.8.1 设置钢立杆拉设水平生命线

1. 做法说明：在钢梁吊装前，使用底部夹具、螺栓将立杆固定在钢梁上，立杆上设置圆钢拉结件作为末端挂点，拉设钢丝绳形成水平生命线。

2. 材料规格：

①立杆：ϕ48.3×3.6mm 钢管；

②底部夹具：长度 × 宽度 × 厚度 =120mm×120mm×5mm；

③圆钢拉结件：$\phi \geqslant$ 6mm；

④钢丝绳：$\phi \geqslant$ 8mm；

⑤绳夹：TR-M ≥ 8。

3. 控制要点：

①相邻两根立杆间距≤ 8m，钢丝绳的自然下垂度不应大于绳长的 1/20，并不应大于 100mm；

②水平生命线端部使用绳夹固定，数量不少于 3 个、间距 6 ~ 7 倍钢丝绳直径。

4. 注意事项：使用前检查立杆的稳固性及末端挂点的完好性，进行验收。

5. 适用施工工序：钢梁上行走、钢结构钢梁安装等作业。

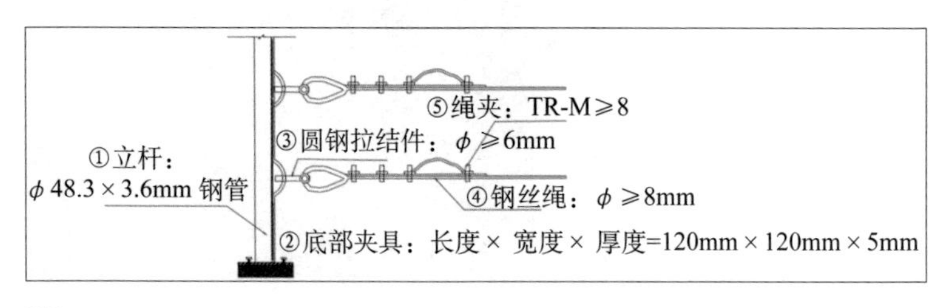

构造简图

钢结构钢梁预设水平生命线

底部夹具示意图

防脱扣示意图

2.8.2 焊接钢筋拉环拉设水平生命线

1. 做法说明：在相邻钢结构立柱上焊接钢筋拉环作为末端挂点，通过卸扣连接钢丝绳形成水平生命线。

2. 材料规格：

①钢丝绳：$\phi \geqslant$ 8mm；

②绳夹：TR-M ≥ 8；

③钢筋拉环：ϕ 12HPB300；

④卸扣：T-DW2。

3. 控制要点：

①水平生命线宜设置两道，高度不小于 1.2m，自然下垂度不应大于绳长的 1/20，并不应大于 100mm；

②水平生命线端部使用绳夹固定，数量不少于 3 个、间距 6 ～ 7 倍钢丝绳直径；

③钢筋拉环与钢结构采用双面焊接，两端焊缝长度 80mm，焊缝高度 8mm。

4. 注意事项：使用前进行验收，保证安全可靠。

5. 适用施工工序：楼承板铺设、钢筋绑扎、混凝土浇筑等作业。

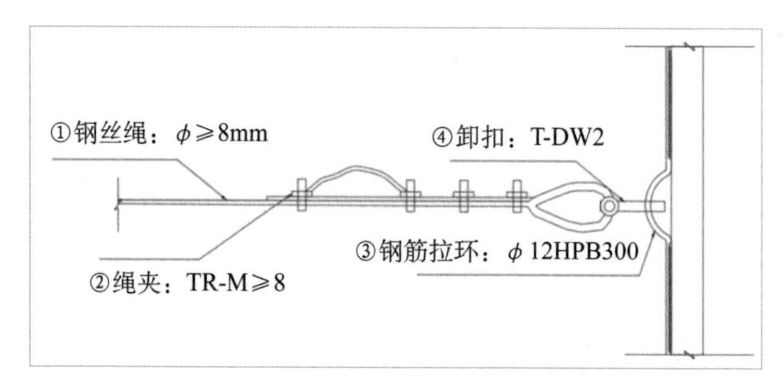

构造简图

钢结构立柱间
水平生命线

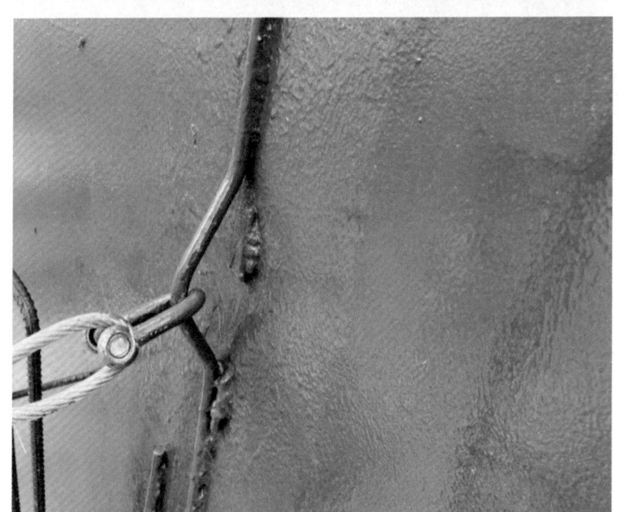

钢筋拉环焊接
示意图

绳夹及卸扣使
用示意图

2.9 盖梁垫石施工作业水平生命线

2.9.1 预埋钢构件拉设水平生命线

1. 做法说明：在盖梁混凝土浇筑前设置预埋钢筋，浇筑完成后焊接槽钢立柱，立柱上预留 ϕ18mm 槽钢孔，通过圆钢拉结件拉设钢丝绳形成水平生命线。

2. 材料规格：

①钢丝绳：$\phi \geqslant$ 8mm；

②绳夹：TR-M ≥ 8；

③槽钢立柱：10 号槽钢，ϕ6mm 圆钢拉结件；

④预埋件：ϕ12HPB300 级钢筋，200mm × 200mm × 12mm 钢板。

3. 控制要点：

①混凝土达到设计强度 80% 后方可作为安全带系挂点；

②相邻两根立柱间距 ≤ 8m，钢丝绳距离梁面 1.2m，端部使用绳夹固定，数量不少于 3 个、间距 6 ~ 7 倍钢丝绳直径。

4. 注意事项：

①预埋钢筋与钢板，钢板与立柱均应采取满焊；

②使用前应进行验收，保证安全可靠。

5. 适用施工工序：盖梁垫石等施工。

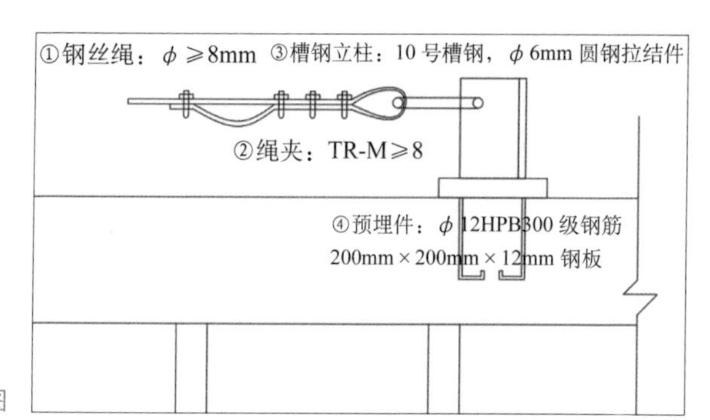

构造简图

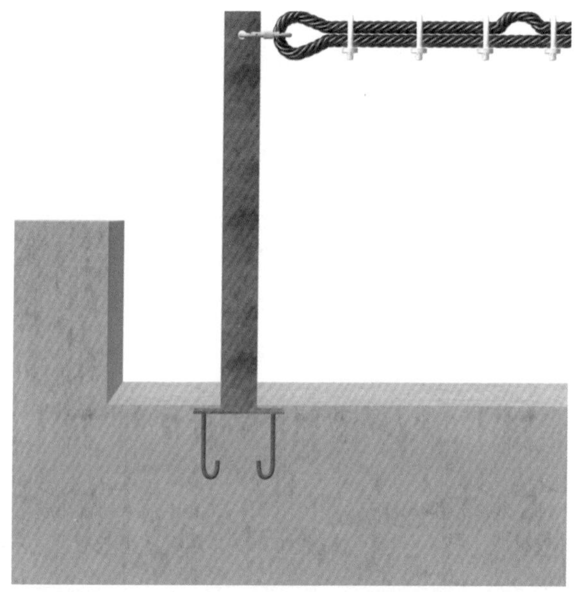

预埋钢筋示意图

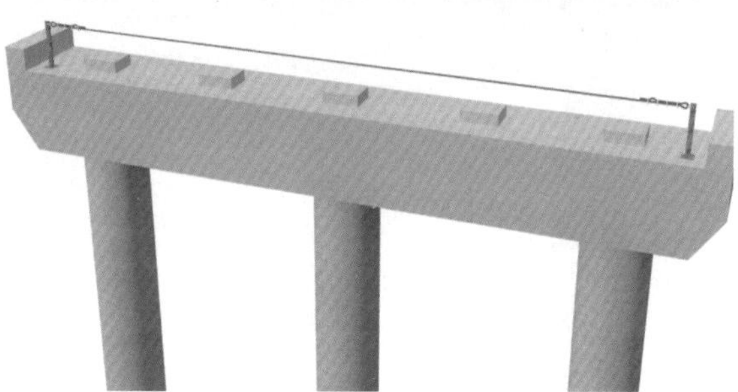

盖梁垫石作业水平
生命线效果图

2.9.2 使用定制夹具拉设水平生命线

1. 做法说明：预先制作挡块夹具，夹具上焊接槽钢立柱，立柱上预留 ϕ18mm 槽钢孔，通过圆钢拉结件拉设钢丝绳形成水平生命线。

2. 材料规格：

①定制夹具：宽度依据挡块厚度制作；

②钢丝绳：ϕ ⩾ 8mm；

③绳夹：TR-M ⩾ 8；

④槽钢立柱：10 号槽钢，ϕ6mm 圆钢拉结件。

3. 控制要点：相邻两根立柱间距 ⩽ 8m，钢丝绳距离梁面 1.2m，端部使用绳夹固定，数量不少于 3 个、间距 6 ~ 7 倍钢丝绳直径。

4. 注意事项：

①定制夹具与槽钢立柱应采取满焊；

②使用前应进行验收，保证安全可靠。

5. 适用施工工序：盖梁垫石施工。

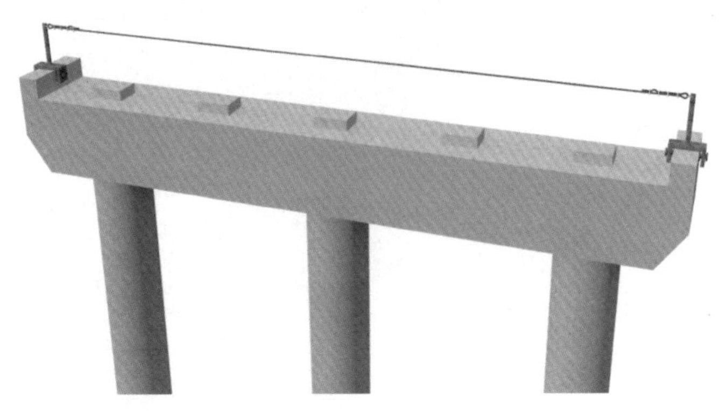

盖梁垫石作业水平生命线效果图

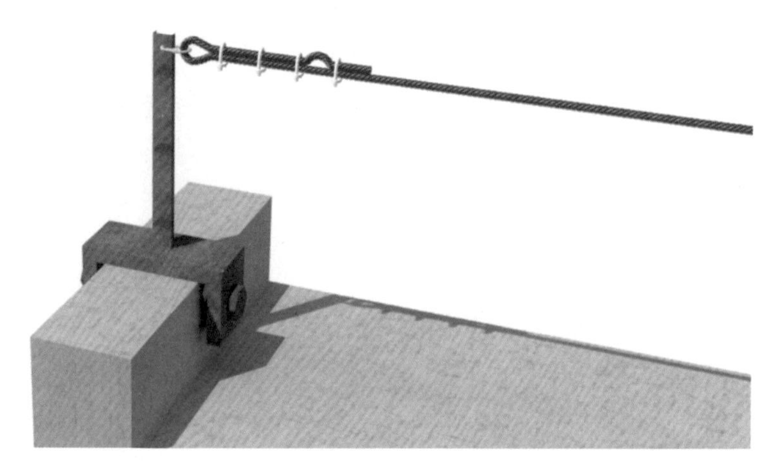

端头细节示意图

定制夹具细节示意图

2.10 梁板安装作业垂直生命线

1. 做法说明：在架桥机前支腿焊接钢筋拉环作为防坠器悬挂点，利用防坠器吊绳组成垂直生命线。

2. 材料规格：

①速差式防坠器：20m/150kg；

②钢筋拉环：ϕ 12HPB300 。

3. 控制要点：钢筋拉环与架桥机支腿采用双面焊接，两端焊缝长度 80mm，焊缝高度 8mm。

4. 注意事项：

①使用前应检查防坠器的有效性、吊绳磨损程度，并进行验收；

②单个防坠器使用不得超过 1 人。

5. 适用施工工序：梁板安装作业。

梁板安装作业垂直生命线效果图

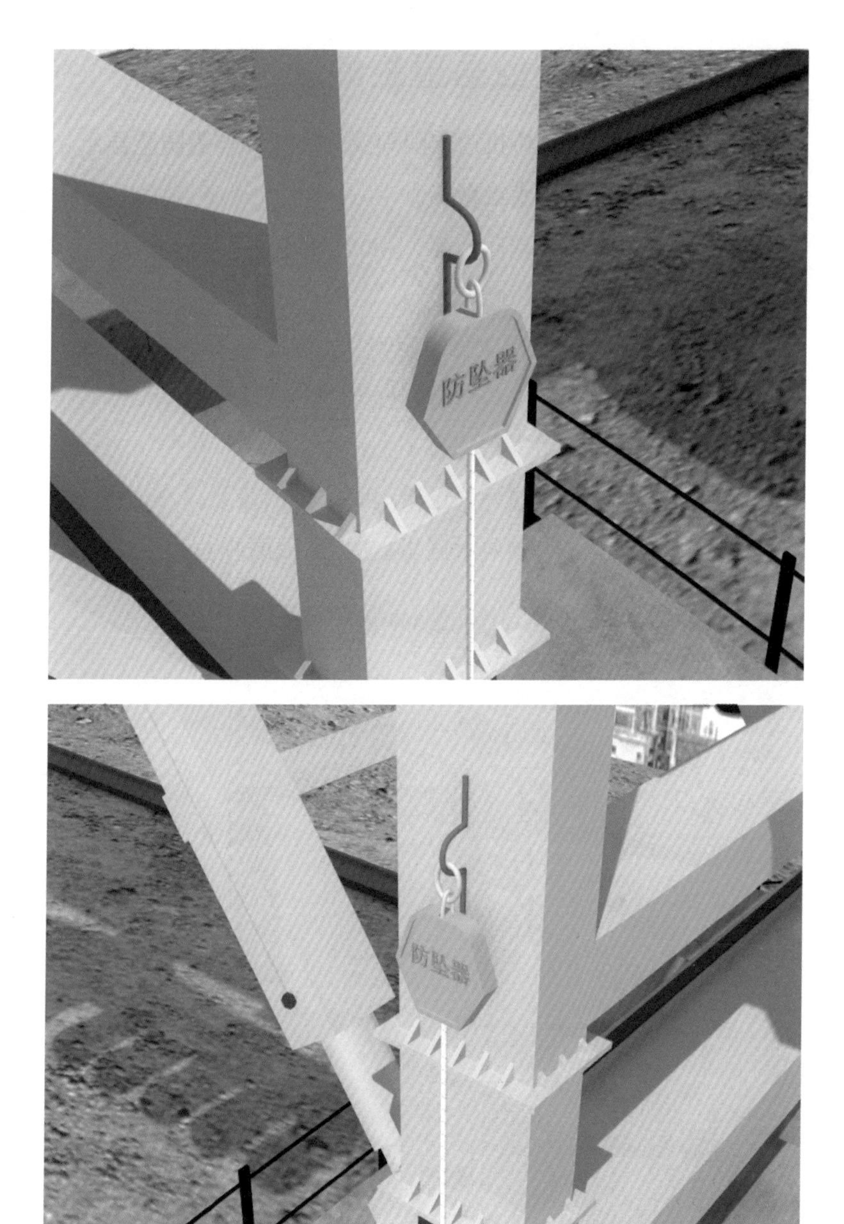

预留环和防坠器连接示意图

2.11 横隔板作业垂直生命线

1. 做法说明：将湿接缝原有 U 形钢筋作为防坠器悬挂点，利用防坠器吊绳组成垂直生命线。

2. 材料规格：速差式防坠器：20m/150kg。

3. 注意事项：

①使用前应确保 U 形钢筋固定牢靠，混凝土强度满足要求，并检查防坠器的有效性、吊绳磨损程度等，进行验收；

②单个防坠器使用不得超过 1 人；

③使用定型化吊篮时，安全带不得挂在吊篮上。

4. 适用施工工序：横隔板施工。

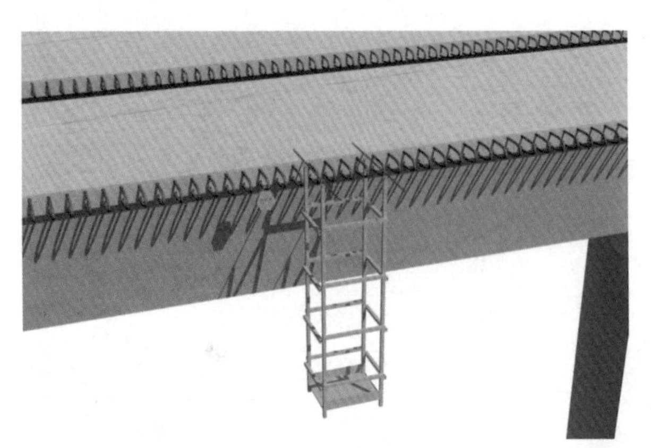

横隔板施工作业垂直生命线效果图

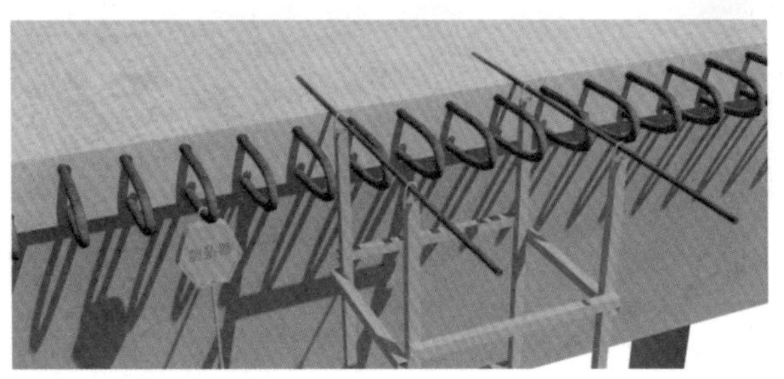

U 形筋和防坠器系挂示意图

2.12 隧道台车作业水平生命线

1. 做法说明：在台车两侧焊接钢筋拉环，拉设钢丝绳形成水平生命线。

2. 材料规格：

①钢丝绳：$\phi \geqslant$ 8mm；

②钢丝绳绳夹：TR-M ⩾ 8；

③钢筋拉环：ϕ 12HPB300。

3. 控制要点：

①钢丝绳端部使用绳夹固定，数量不少于 3 个、间距 6 ~ 7 倍钢丝绳直径；

②钢筋拉环与台车采用双面焊接，两端焊缝长度 80mm，焊缝高度 8mm。

4. 注意事项：

①使用前应进行验收，保证安全可靠；

②每根生命线不得超过 2 人共同使用。

5. 适用施工工序：隧道开挖、防水板（钢筋绑扎）和装饰作业。

隧道台车作业水平生命线效果图

端头连接示意图

2.13 电梯井作业安全带系挂点

2.13.1 使用对拉螺栓设置系挂点

1. 做法说明：将对拉螺栓固定在电梯井墙柱上，端部焊接的圆环作为安全带系挂点，或通过圆环设置安全绳形成竖向生命线。

2. 材料规格：

①对拉螺杆：M ≥ 12；

②安全绳：宜锦纶安全绳 $\phi \geqslant$ 16mm，钢丝绳 $\phi \geqslant$ 8mm。

3. 控制要点：

螺栓采用 10mm 厚螺母，2mm 厚垫圈，或使用双螺母。

4. 注意事项：

①作业人员安全带系挂正确，涉及磨损部位应做好保护措施；

②安装完成后应进行验收，合格方可使用。

5. 适用施工工序：电梯井临边或井内作业。

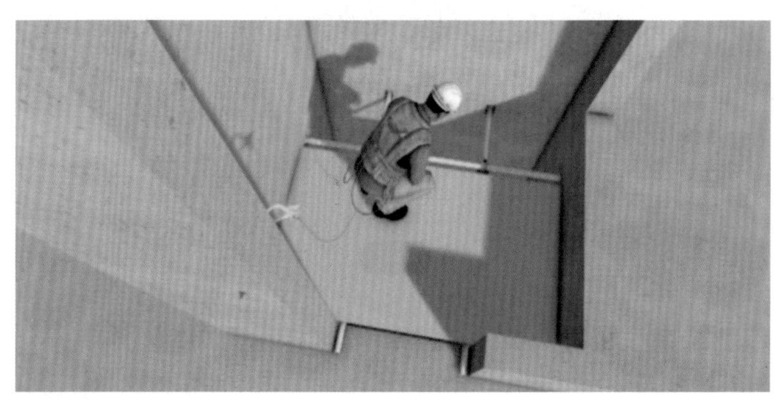

电梯井作业安全带系挂点效果图

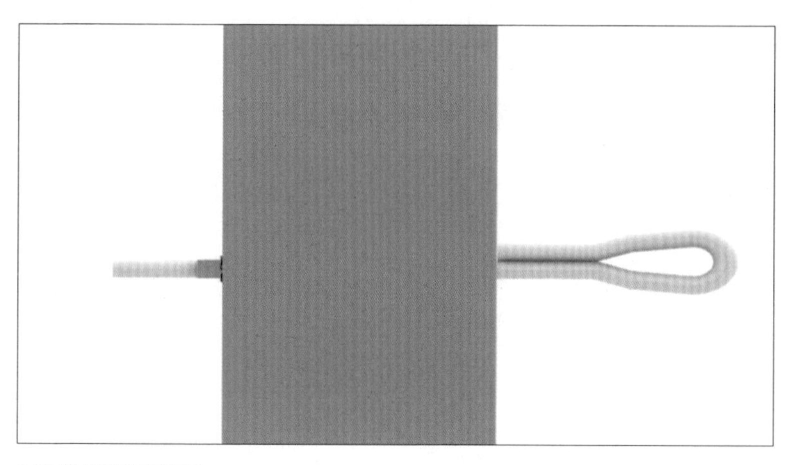

对拉螺杆固定示意图

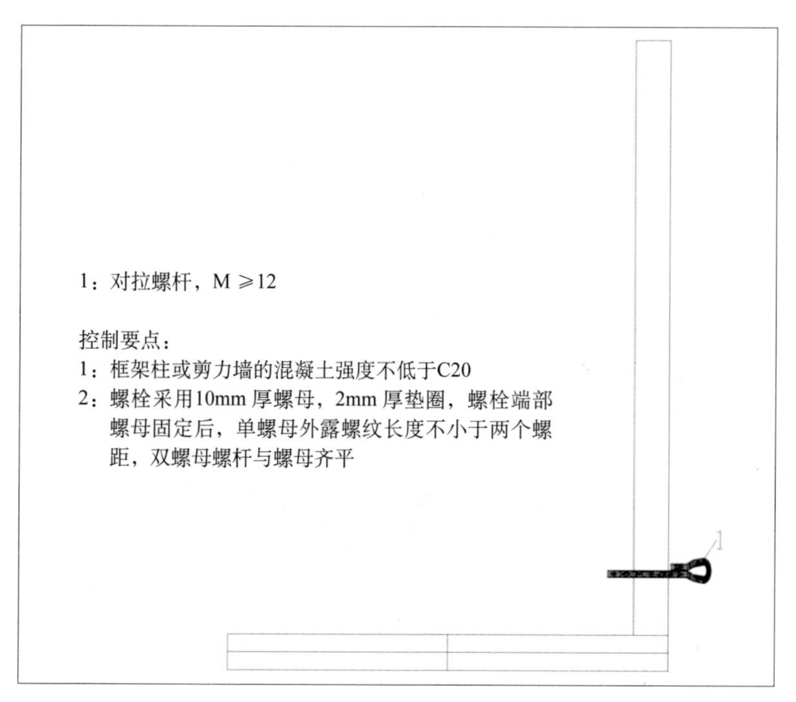

构造简图

2.13.2 使用闭圈式吊环膨胀螺栓设置系挂点

1. 做法说明：将闭圈式吊环膨胀螺栓固定在墙体或结构柱上，端部焊接的圆环作为安全带系挂点或作为生命线固定端。

2. 材料规格：

闭圈式吊环膨胀螺栓：M ⩾ 10。

3. 控制要点：系挂点设置高度应满足安全带高挂低用的要求。

4. 注意事项：

①作业人员安全带系挂正确，涉及磨损部位应做好保护措施；

②安装完成后进行验收，每处系挂点仅供单人使用。

5. 适用施工工序：电梯井临边或井内作业。

电梯井作业安全带系挂点效果图

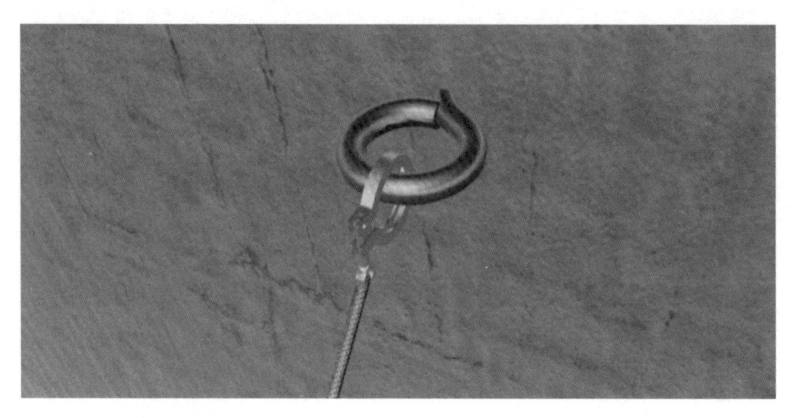

安全带系挂点示意图

2.14 电梯井作业垂直生命线

1. 做法说明：在电梯井上部墙面预埋圆钢吊环，悬挂钢丝绳形成垂直生命线。

2. 材料规格：

①钢丝绳：$\phi \geqslant$ 8mm；

②绳夹：TR-M ≥ 8；

③预埋圆钢吊环：ϕ 16mm。

3. 控制要点：

钢丝绳端部使用绳夹固定，夹座扣在工作段上，数量 3 个、间距不小于 7 倍钢丝绳直径。

4. 注意事项：

①预埋圆钢吊环深度、孔径结合现场实际设置；

②预埋完成后进行验收，确保混凝土强度合格方可使用；

③每处安全带系挂点仅供单人使用。

5. 适用施工工序：室内电梯安装。

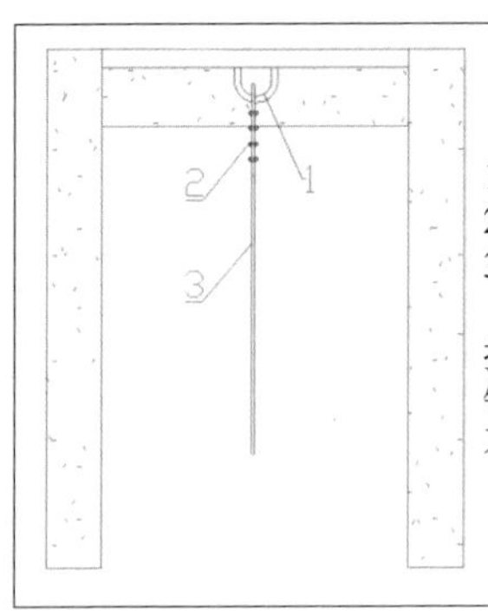

1：预埋圆钢吊环：ϕ 16mm
2：绳夹：TR-M≥8
3：钢丝绳直径≥8mm

控制要点：
钢丝绳端部使用绳夹固定，夹座扣在工作段上，数量不少于3 个、间距6 ~7 倍钢丝绳直径

构造简图

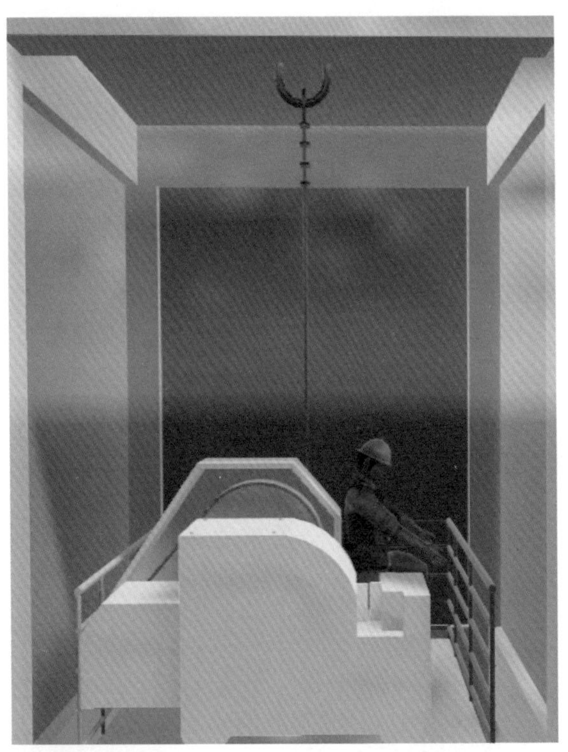

室内电梯安装作业垂直生命线效果图

钢丝绳悬挂点示意图

2.15 管道井施工安全带系挂点

2.15.1 使用对拉螺栓设置系挂点

1. 做法说明：将对拉螺栓固定在螺栓孔处，将安全带系挂于圆环处。

2. 材料规格：

对拉螺杆：尺寸与现场螺栓孔孔径适配。

3. 控制要点：

螺栓采用 10mm 厚螺母，2mm 厚垫圈，或使用双螺母。

4. 注意事项：

①作业人员安全带系挂正确，涉及磨损部位应做好保护措施；

②安装完成后应进行验收，合格方可使用。

5. 适用施工工序：管道安装、管道井附近施工。

管道井临边作业安全带系挂点效果图

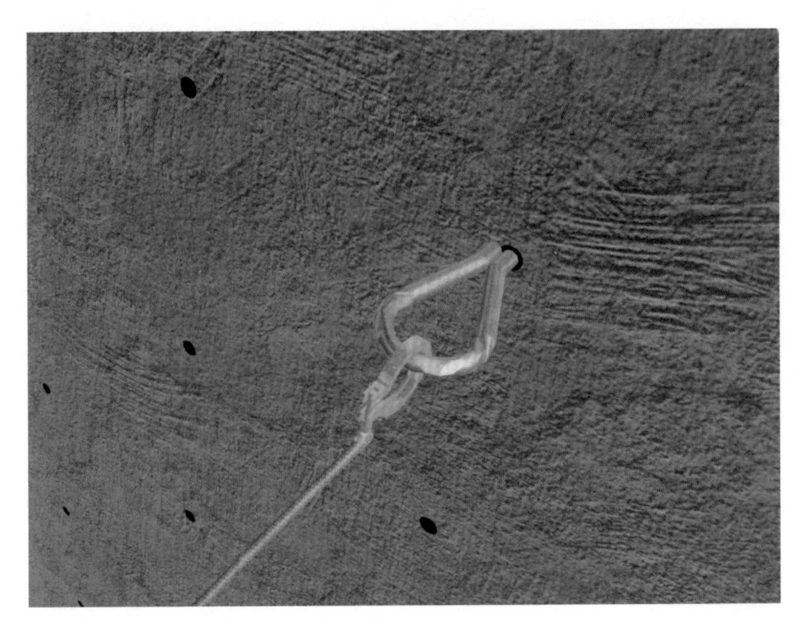

安全带系挂点示意图

2.15.2 使用闭圈式吊环膨胀螺栓设置系挂点

1. 做法说明：将闭圈式吊环膨胀螺栓安装在墙体或结构柱上适当高度处，将安全带系挂于螺栓端部圆环处。

2. 材料规格：

闭圈式吊环膨胀螺栓：M ≥ 10。

3. 控制要点：系挂点设置高度应满足安全带高挂低用的要求。

4. 注意事项：

①作业人员安全带系挂正确，涉及磨损部位应做好保护措施；

②安装完成后应进行验收，合格方可使用。

5. 适用施工工序：管道安装、管道井附近施工。

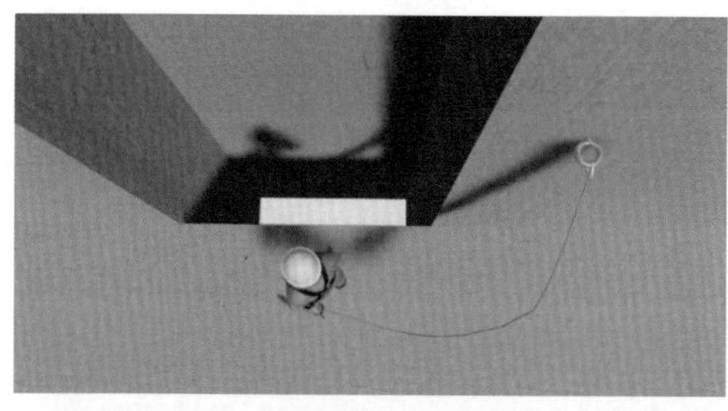

管道井临边作业安全带系挂点效果图

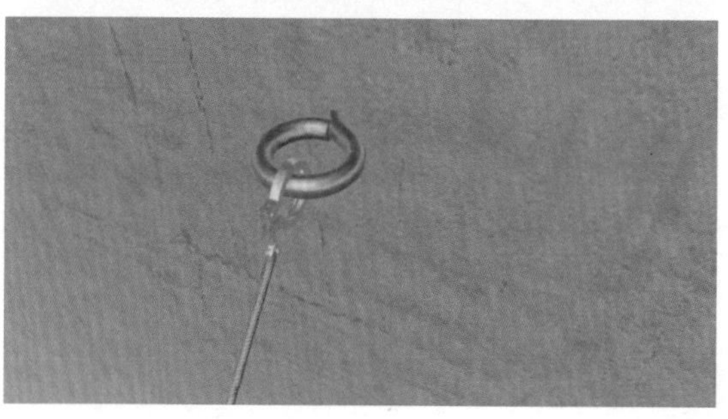

安全带系挂点细部图

3

装饰装修阶段

- 幕墙工程
- 屋面工程
- 设备安装
- 室内安装

3.1 高处作业吊篮施工作业垂直生命线

1. 做法说明：在建筑物顶部利用结构物等设置锦纶安全绳，安全绳无松散、断股、打结现象。

2. 材料规格：

①安全绳：宜锦纶安全绳 $\phi \geqslant 16$mm；

②自锁器：与安全绳匹配 。

3. 控制要点：

①生命线与建筑物棱角处应采取防护措施且不与吊篮有任何接触；

②生命线必须可靠固定在混凝土结构上或在结构上设置可靠固定点进行固定；

③生命线不得有松散、打结、磨损、断股、腐殖霉烂等现象。

4. 注意事项：

①吊篮内进行动焊作业时对安全带、安全绳采取防烫伤措施；

②严禁两人共用一根生命线。

5. 适用施工工序：外墙抹灰、涂饰、幕墙安装、保洁作业。

吊篮作业垂直生命线

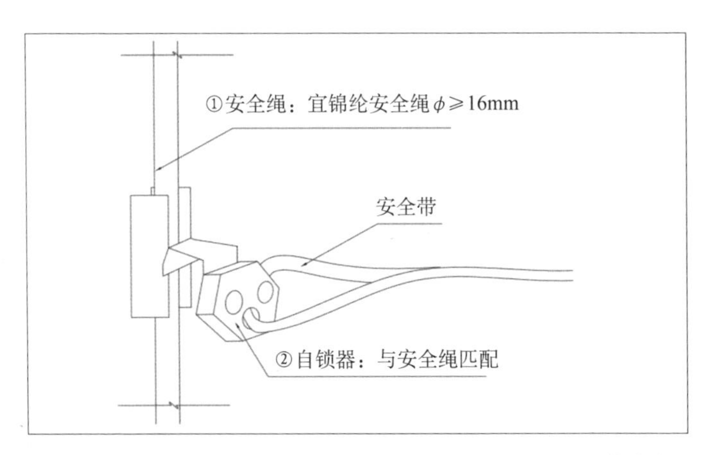

构造简图

安全绳与自锁器适配示意图

安全绳设置示意图

3.2 吊篮安拆、移位水平生命线

1. 做法说明：在花架梁上安装对拉螺栓或膨胀螺栓，通过螺栓设置水平生命线。

2. 材料规格：

①钢丝绳：$\phi \geqslant$ 8mm；

②花篮螺栓：KOOD 型 M16；

③对拉螺栓：M12 ；膨胀螺栓：M ≥ 10；

④卸扣：T-DW2；

⑤绳夹：与钢丝绳匹配。

3. 控制要点：

①钢丝绳端部绳夹数量不少于 3 个、间距 6 ~ 7 倍钢丝绳直径；

②钢丝绳自然下垂度不大于绳长的 1/20，并不应大于 100mm。

4. 注意事项：应做好对拉螺栓、膨胀螺栓安装期间的安全防护措施。

5. 适用施工工序：搭设在花架梁上的吊篮安拆、移位，日常巡检。

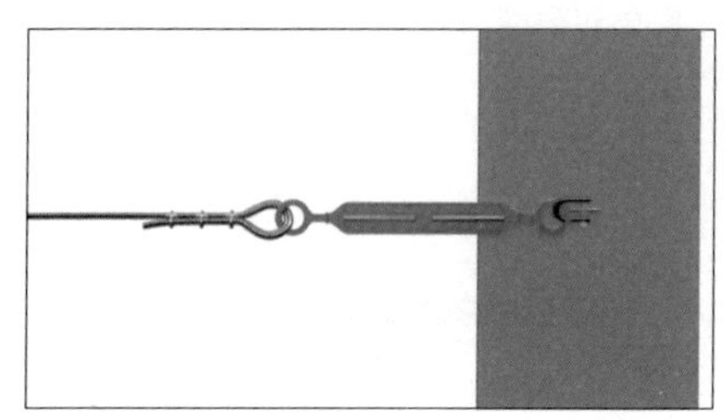

膨胀螺栓做法 BIM 图

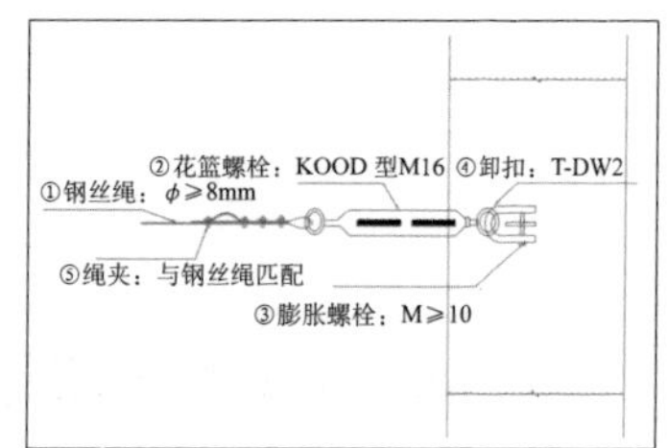

膨胀螺栓做法构造简图

吊篮安拆、移位水平生命线

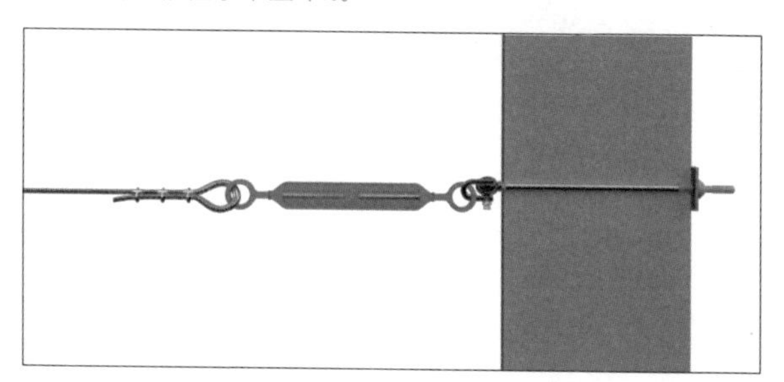

对拉螺栓做法 BIM 图

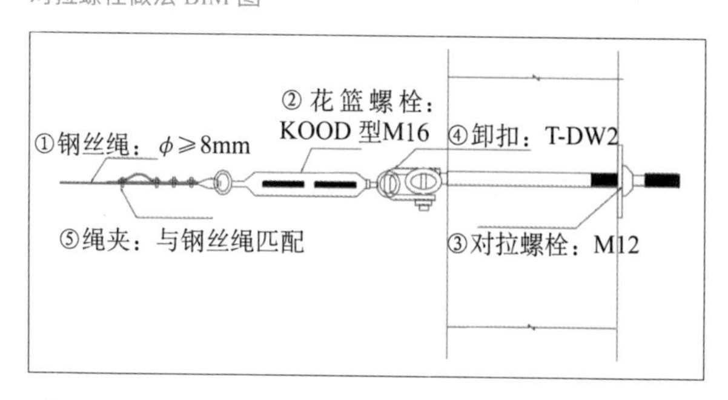

对拉螺栓做法构造简图

3.3 金属屋面生命线

3.3.1 使用 X 形防坠装置拉设水平生命线

1. 做法说明：X 形不锈钢防坠装置通过铝合金夹具固定在金属面板上，通过花篮螺栓、绳夹、基座拉设水平生命线。

2. 材料规格：

① X 形不锈钢防坠装置：304 不锈钢；

②钢丝绳：$\phi \geqslant$ 8mm；

③花篮螺栓：M16；

④绳夹：与钢丝绳匹配。

3. 控制要点：X 形不锈钢防坠落固定点每隔 10m 设置一处。

4. 注意事项：

①防坠落装置根据屋面尺寸提前制定；

②水平生命绳间距应满足施工要求。

5. 适用施工工序：铝镁锰金属屋面作业、彩钢瓦作业。

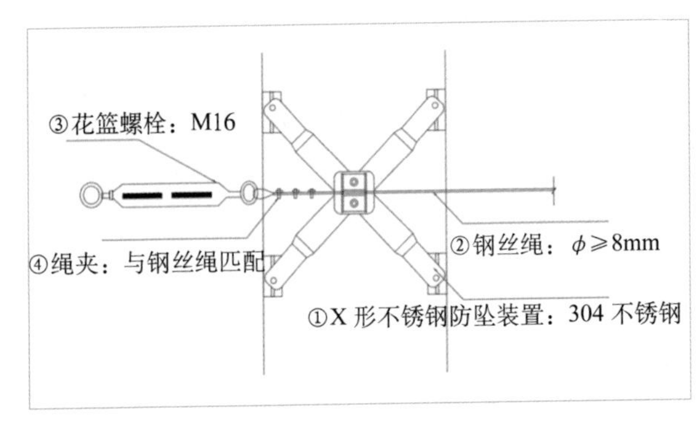

构造简图

X 形不锈钢防坠装置

端部连接示意图（一）

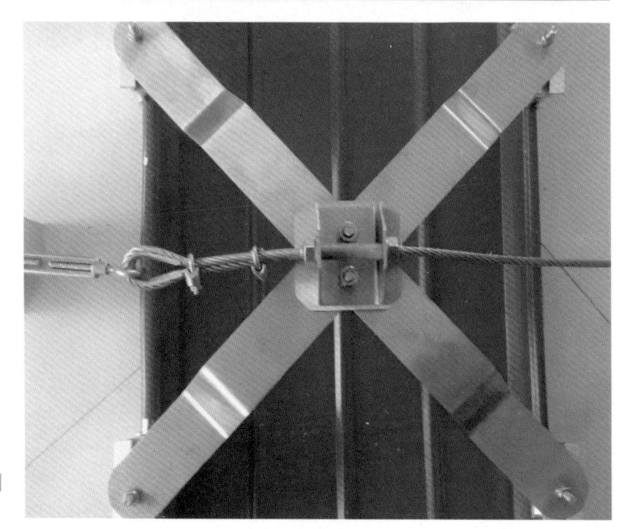

端部连接示意图（二）

3.3.2 焊接钢立柱拉设水平生命线

1. 做法说明：在金属屋面上焊接槽钢立柱，立柱上焊接钢筋拉环作为末端挂点，拉设钢丝绳形成水平生命线。

2. 材料规格：

①槽钢立柱：10 号槽钢；

②钢筋拉环：ϕ 12HPB300 ；

③钢丝绳：$\phi \geqslant$ 8mm；

④绳夹：与钢丝绳匹配。

3. 控制要点：

①槽钢立柱与预埋件的焊接应垂直牢固，焊缝平滑，不得有气孔、夹渣等焊接缺陷，相邻立柱间距≤ 8m；

②水平生命线宜设置两道，高度不小于 1.2m；

③钢丝绳端部使用绳夹固定，数量不少于 3 个、间距 6 ～ 7 倍钢丝绳直径；

④钢丝绳自然下垂度不大于绳长的 1/20，并不应大于 100mm。

4. 注意事项：焊接槽钢立柱不能影响后续施工质量与安全。

5. 适用施工工序：金属屋面作业、钢结构作业。

金属屋面水平安全带系挂点

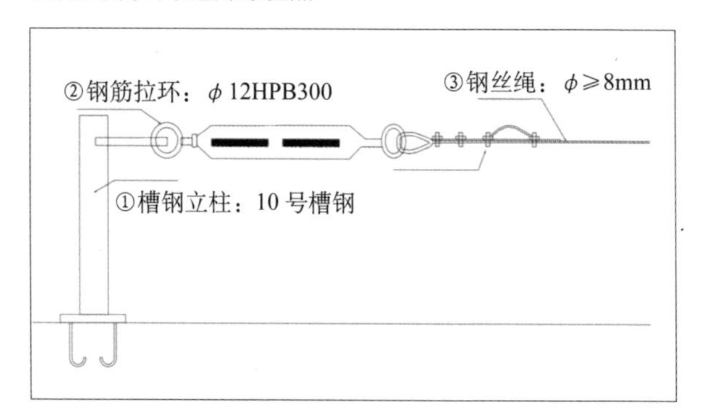

金属屋面安全带系挂点做法构造简图

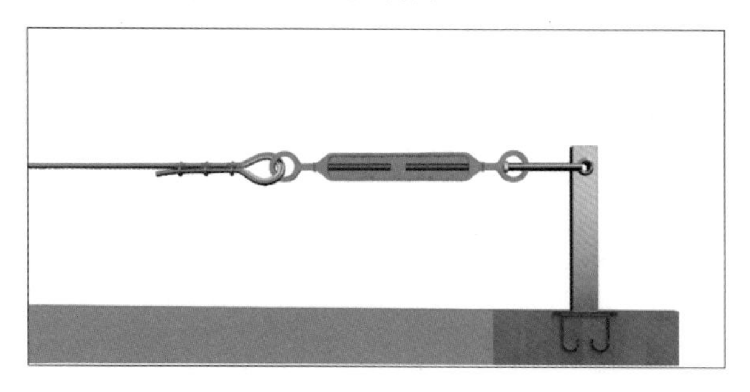

金属屋面安全带系挂点做法 BIM 图

3.4 斜屋面生命线

3.4.1 预埋钢筋锚环拉设水平生命线

1. 做法说明：在主体结构施工时安装预埋钢筋锚环，利用预埋钢筋锚环作为安全带系挂点或作为水平生命线固定端。

2. 材料规格：

①卸扣：T-DW2；

②钢丝绳：$\phi \geqslant$ 8mm；

③花篮螺栓：KOOD 型 M16；

④绳夹：与钢丝绳匹配。

3. 控制要点：

①预埋钢筋锚环在使用前应经验收合格；

②水平生命线间距≤ 5m。

4. 注意事项：

①预埋位置要进行前期策划；

②每条安全绳不得超过 2 人共同使用。

5. 适用施工工序：斜屋面作业。

斜屋面水平生命线效果图

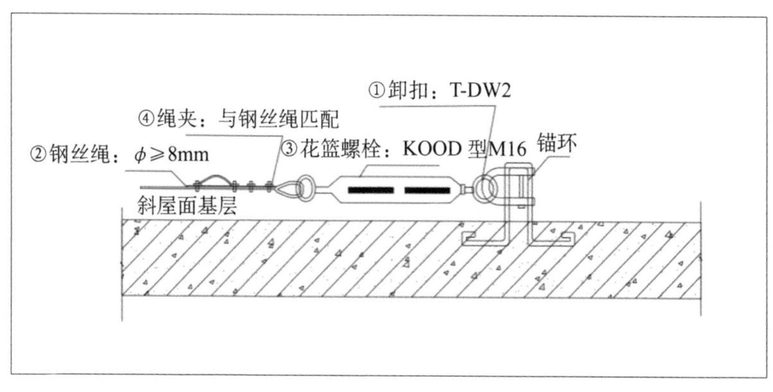

端部安装构造简图

3.4.2 拉设竖向生命线

1. 做法说明：在斜屋面顶部安装膨胀螺栓，将安全绳固定在螺栓端部圆环处，或者将安全绳固定在斜屋面顶部结构上，安全绳沿斜屋面竖向布置，工人安全带通过自锁器系挂在安全绳上。

2. 材料规格：

①膨胀螺栓：M ≥ 10；

②锦纶安全绳：$\phi \geqslant 16$mm；

③自锁器：与安全绳匹配。

3. 控制要点：

安全绳与建筑物棱角处应采取防护措施。

4. 注意事项：

①每条安全绳不得超过 2 人共同使用；

②安全绳需固定牢固，并经验收合格。

5. 适用施工工序：斜屋面作业。

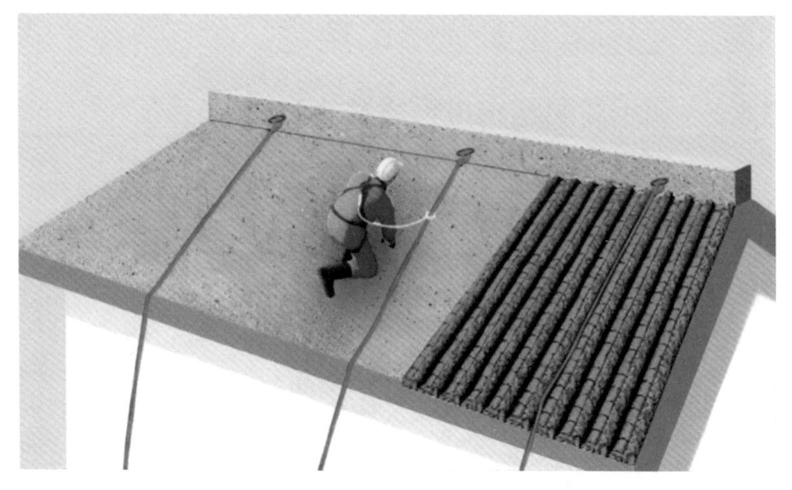
斜屋面竖向生命线 BIM 图

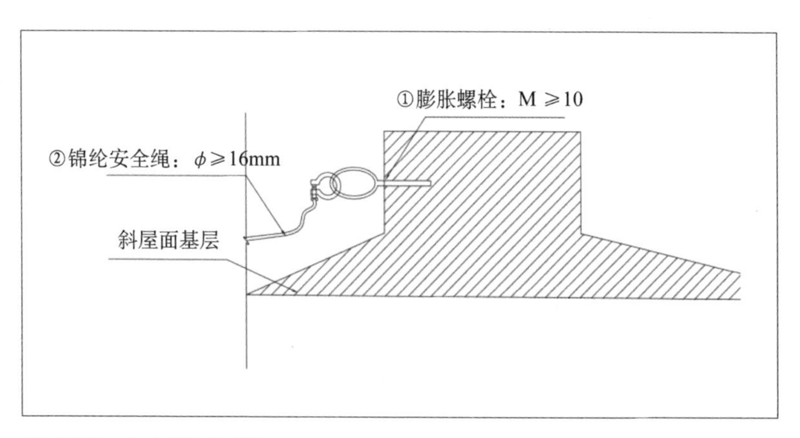

斜屋面竖向生命线构造简图

3.5 室外作业安全带系挂点

3.5.1 利用屋面结构拉设垂直生命线

1. 做法说明：根据屋面结构，将安全绳一端捆绑在屋面结构柱上，另一端垂直到工人作业面以下，工人将安全带系挂在大绳上面的自锁器上。

2. 材料规格：

①安全绳：宜锦纶安全绳 $\phi \geqslant$ 16mm；

②自锁器：与安全绳匹配。

3. 控制要点：保证锚固点系挂牢靠，安全绳无松散、断股、打结现象。

4. 注意事项：绑在屋面结构上的安全绳需要设置软防护，安全带系挂点需要根据施工作业面进行布置。

5. 适用施工工序：无法搭设吊篮或无法使用高空车的室外作业，吊篮拆除以后的室外维修作业。

室外安装作业垂直生命线 BIM 图

自锁器

安全绳捆绑示意图

3.5.2 永临结合锚环安全带系挂点

1. 做法说明：主体施工阶段，在混凝土墙内安装预埋锚环，作业时将安全带系挂在预埋锚环上。

2. 材料规格：钢筋：$\phi \geqslant 14$，镀锌 HPB300。

3. 控制要点：预埋锚环在使用前应经验收合格。

4. 注意事项：应在主体结构施工时做好预埋拉环的点位策划。

5. 适用施工工序：空调及百叶安装、保洁作业。

预埋锚环安全带系挂点做法效果图

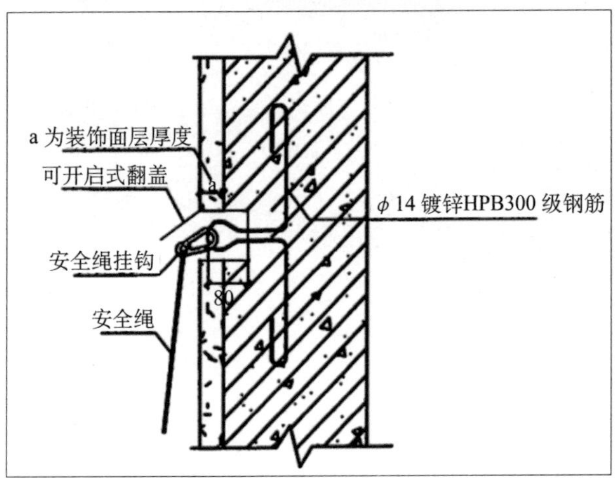

锚环做法示意图

3.6 室内安装、装饰施工安全带系挂点

1. 做法说明：横梁区域操作平台作业面周边防护栏杆无法满足高度要求时，在横梁上设置膨胀螺栓，悬挂钢丝绳或锦纶安全绳作为垂直生命线。

2. 材料规格：

①膨胀螺栓：M ≥ 10；

②钢丝绳：$\phi \geqslant$ 8mm；宜锦纶安全绳 $\phi \geqslant$ 16mm；

③绳夹：TR-M ≥ 8。

3. 控制要点：

钢丝绳端部使用绳夹固定，数量不少于 3 个、间距 6 ～ 7 倍钢丝绳直径。

4. 注意事项：

①安装完成后进行验收，合格方可使用；

②安全带系挂点的高度需结合层高考虑。

5. 适用施工工序：室内管线施工、吊顶施工等作业。

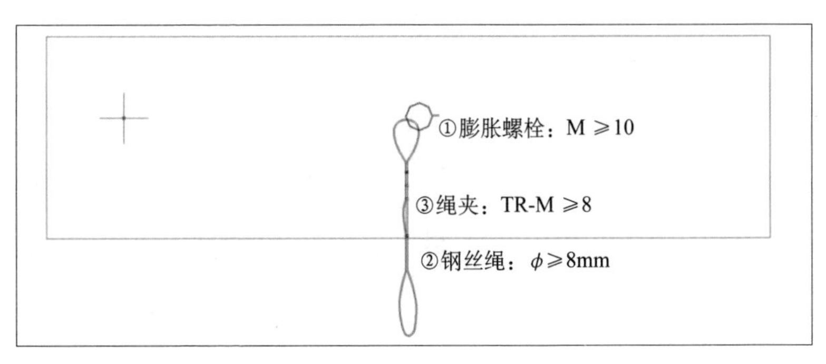

安全带系挂点构造简图

安全带系挂点示意图

室内安装施工安全带系挂点

4

起重机械设备

- 塔式起重机
- 门式起重机
- 桥式起重机

4.1 起重机械设备垂直生命线

1. 做法说明：根据塔式起重机爬梯的高度选择合适的防坠器型号，将塔机回转支撑结构中部横梁作为悬挂点，利用防坠器吊绳形成垂直生命线。

2. 材料规格：

①速差式防坠器：50m/150kg；

②防脱扣：M10 × 100mm。

3. 注意事项：

①每个防坠器仅供单人使用；

②使用前应检查防坠器的有效性、防坠器吊绳磨损程度等；

③防坠器悬挂点增设防护套，减少日晒雨淋等自然环境造成吊绳使用寿命的减少。

4. 适用施工工序：塔机作业、CI 安装作业、拌和楼、挂篮施工。

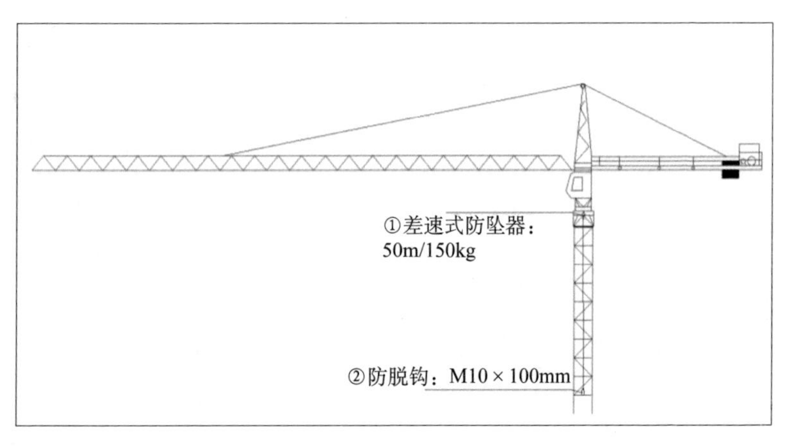

构造简图

防坠器示意图

塔式起重机爬梯垂直生命线

4.2 塔式起重机水平生命线

1. 做法说明：以塔机起重臂两端钢筋圆环作为固定点，通过卸扣、花篮螺栓和绳夹拉设钢丝绳，形成水平生命线。

2. 材料规格：

①钢丝绳：$\phi \geqslant 8$mm；

②绳夹：TR-M12；

③卸扣：T-DW2；

④花篮螺栓：KOOD 型 M ≥ 12。

3. 控制要点：

①钢丝绳端部使用绳夹固定，数量不少于 3 个、间距 6 ~ 7 倍钢丝绳直径；

②使用花篮螺栓调节钢丝绳的松紧度，钢丝绳自然下垂度不大于绳长的 1/20，并不应大于 100mm。

4. 注意事项：生命线仅供单人使用。

5. 适用施工工序：塔机起重臂作业。

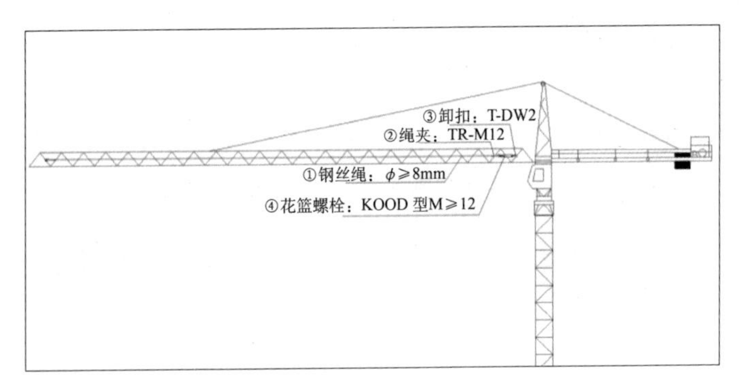

构造简图

塔式起重机起重臂水平生命线

钢丝绳远端固定点示意图

4.3 门式起重机垂直生命线

1. 做法说明：根据高度选择合适的防坠器型号，在门式起重机支腿顶端上部焊接钢筋拉环作为防坠器悬挂点，利用防坠器吊绳组成垂直生命线。

2. 材料规格：

①速差式防坠器：20m/150kg；

②防脱扣：M10 × 100mm；

③钢筋拉环：ϕ 12HPB300。

3. 控制要点：钢筋拉环与门式起重机支腿采用双面焊接，两端焊缝长度 80mm，焊缝高度 8mm。

4. 注意事项：

①焊接拉环后应对机械的钢结构进行探伤检测；

②安拆作业应优先考虑使用高空作业车；

③每个防坠器仅供单人使用；

④钢筋拉环应在立柱安装前设置，使用前应检查防坠器的有效性、吊绳磨损程度，并进行验收。

5. 适用施工工序：门式起重机安拆作业。

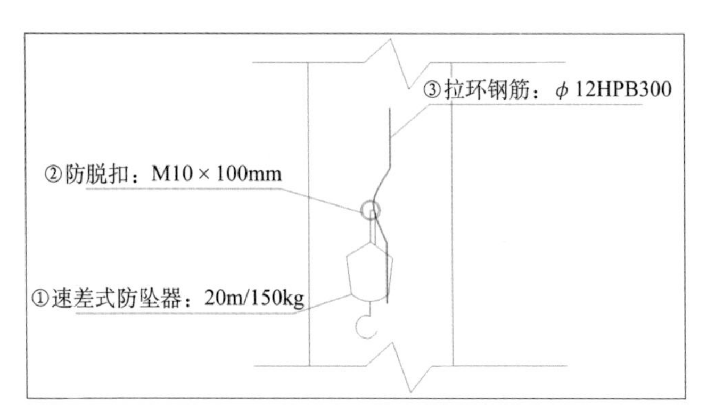

构造简图

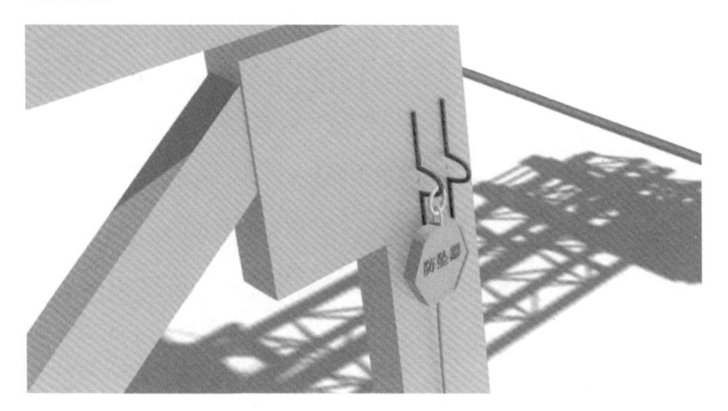

预留环和防坠器示意图

门式起重机安全带系挂点效果图

4.4 桥式起重机水平生命线

1. 做法说明：在桥式起重机纵梁两头通过焊接钢筋拉环作为拉结点，在中间合适位置设置加固点，拉设钢丝绳形成水平生命线。

2. 材料规格：

①钢丝绳：$\phi \geqslant$ 8mm；

②绳夹：TR-M ⩾ 8；

③钢筋拉环：ϕ 12HPB300。

3. 控制要点：

①应每隔 5 ~ 10m 设置一个加固点；

②钢丝绳端部使用绳夹固定，数量不少于 3 个、间距 6 ~ 7 倍钢丝绳直径；

③钢筋拉环与纵梁采用双面焊接，两端焊缝长度 80mm，焊缝高度 8mm。

4. 注意事项：使用前进行验收，保证安全可靠。

5. 适用施工工序：桥式起重机安拆作业、梁板架设作业。

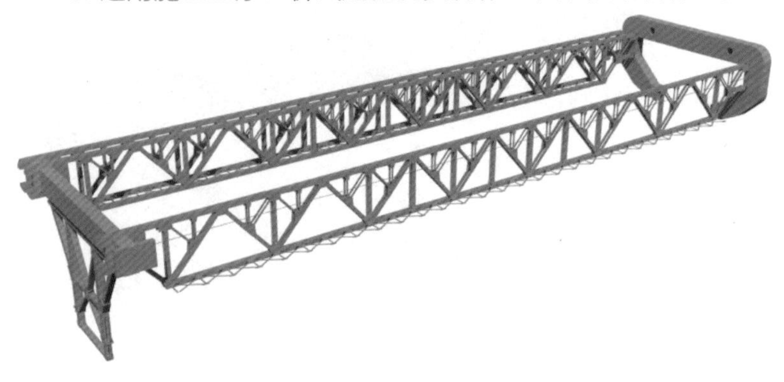

桥式起重机安全带系挂点效果图

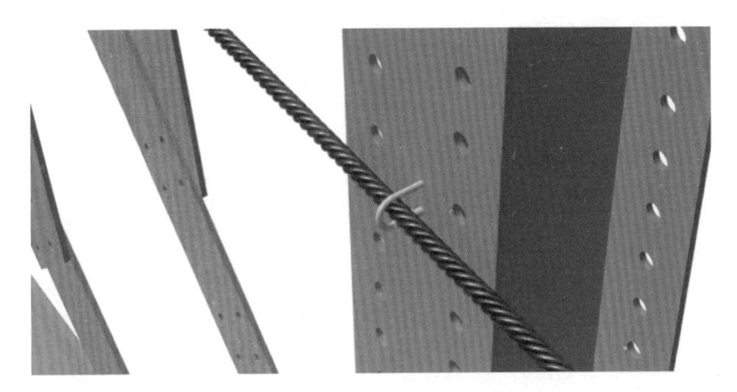

钢丝绳加固点示意图

预留环示意图

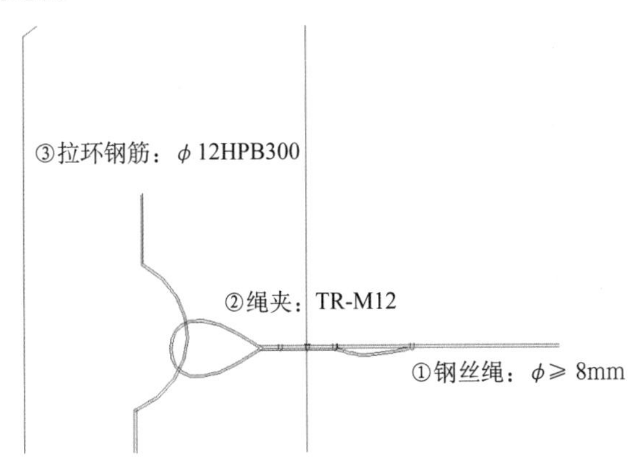

构造简图